MARION CRISTIANA MÜLLER

Puppenkleider selber nähen

MARION CRISTIANA MÜLLER

Puppenkleider selber nähen

AUGUSTUS VERLAG

INHALT

RDIAN
Friday February 8 1986
23p

VORWORT

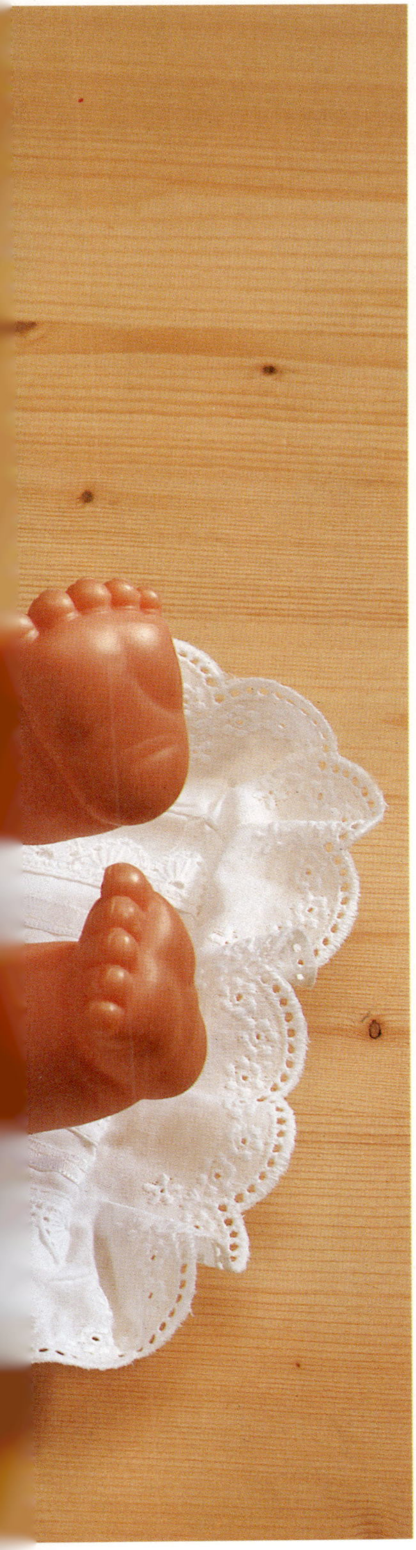

Ich erinnere mich noch genau an die Zeit, als ich als kleines Mädchen mit Puppen spielte. Besonders die Advendszeit hat sich mir eingeprägt, denn immer um den Nikolaustag herum verschwanden mit schöner Regelmäßigkeit alle meine Puppen. Und so sehr ich auch bohrte und fragte, ich konnte nicht herausfinden, wohin sie verschwunden waren. Dann aber saßen meine Lieblinge neu eingekleidet unter dem Weihnachtsbaum, und zwar genau mit den Sachen, die ich mir schon seit Monaten innigst gewünscht hatte.

Nun, irgendwann kam ich dahinter, daß es sich nicht um ein Wunder handelte, sondern meine Großmutter diejenige war, die sich der ramponierten Puppenkleidung annahm. Mit viel Liebe und Geschick brachte sie alles wieder auf Vordermann und fertigte zu meiner großen Freude auch immer einige neue Stücke an.

Ganz gewiß haben Puppen seit dieser Zeit nichts an Beliebtheit eingebüßt. Kinder spielen nach wie vor gern mit Puppen, und damit ist zwangsläufig ab und an ein neues Stück für die Lieblingspuppe fällig. Moderne Puppenmuttis wissen ganz genau, was Mode ist, und dem sollte man Rechnung tragen. Beim Schneidern der aktuellen Modelle hilft Ihnen dieses Buch.

Eine ganze Kollektion wunderschöner Puppenkleider, Hosen, Jacken und Accessoires kann man damit nachschneidern. Die Kleider, die hier vorgestellt werden, sind zum Spielen gedacht und nicht nur zum Anschauen. Und sie sollten so verarbeitet werden, daß sie auch gewaschen werden können.

In den Anleitungen wird Schritt für Schritt alles genau erklärt. Schnitte in Originalgröße und eine Menge praktischer Tips erleichtern die Arbeit und sorgen dafür, daß nichts schiefgehen kann.

Und wenn Sie erst einmal zu schneidern angefangen haben, fallen Ihnen sicherlich noch viele eigene Kleider-Ideen ein. Lassen Sie Ihre Kreativität spielen und beherzigen Sie auch die Vorschläge der Puppenmutter.

In diesem Sinne wünsche ich Ihnen viel Vergnügen und gutes Gelingen.

WAS MAN WISSEN UND BEACHTEN SOLLTE

Bevor Sie sich ans Werk machen, bereiten Sie Ihre Arbeit gut vor.

Wichtig sind ein großer Arbeitstisch, möglichst mit unempfindlicher Platte, ausreichend blendfreies Licht und funktionierendes Werkzeug.

Legen Sie das benötigte Material und Werkzeug übersichlich und griffbereit zurecht oder lassen Sie sich am besten gleich von der Puppenmutter beim Zusammentragen helfen: Sie benötigen je eine gut schneidende große und kleine Schere, Näh- und Stecknadeln, Maßband, Lineal, Seiden- oder Kopierpapier zum Übertragen der Schnittzeichnungen, Heftgarn, Nähgarn, Packpapier, weiche Bleistifte, Klebeband und natürlich das Material, das in der jeweiligen Arbeitsanleitung angegeben ist. Auch ein Bügeleisen und ein Papierkorb für die Stoffabfälle sind nützlich.

Lesen Sie vor Beginn der Arbeit die Anleitung genau durch oder lassen Sie das die Puppenmama tun. Überlegen und probieren Sie an der Puppe, wie das Kleidungsstück am besten passen und aussehen könnte. Falls Sie Änderungen an-

bringen möchten, machen Sie sich eine kleine Skizze oder Notizen, so geht alles sehr viel einfacher. Achten Sie auch auf die Pflegesymbole der Stoffe, die Sie verwenden, und verarbeiten Sie nach Möglichkeit Naturfasern.

Mein Tip:
Puppenkleidung wird durch das häufige An – und Ausziehen arg strapaziert. Am besten ist es, alle Stoffe vor dem Nähen zu waschen und alle Schnitteile mit Zickzackstichen oder einer Overlocknaht zu versäubern. So laufen die fertigen Kleider beim Waschen nicht ein und die Nähte fransen nicht aus.

Wenn Sie mit Ihren Kindern nähen, übertragen Sie ihnen nur leichte Arbeiten, die ihnen auch gelingen, und kontrollieren Sie die jeweiligen Arbeitsschritte, bevor es zu spät ist. Nur so macht das Nähen allen Beteiligten rundum Spaß!

KLEINES STOFF-ABC

Nicht alles, was dekorativ aussieht, läßt sich auch gut verarbeiten oder eignet sich uneingeschränkt zum Spielen. Daran sollten Sie denken. Wer schon einmal etwas genäht hat, weiß, daß sich einige Stoffe nur für bestimmte Kleidungsstücke eignen.

So können Sie Trikotstoff zum Beispiel für T-Shirts verwenden und weiche kuschelige Stoffe für Babysachen. Duftige Batiststoffe mit lustigen Druckdessins sind für Kleidchen geeignet. Mit Stickerei- oder Wäschespitze erhält man einen romantischen Touch. Für Hosen sind Denim oder Cord genau richtig, auch Popeline oder derbe Leinenstoffe kann man verwenden.

Farbenfrohe Druckstoffe mit peppigen Motiven versprechen ausgefallene Puppenkleider im Handumdrehen.

Meist legen Qualität und Dessin eines Stoffes fest, welches Kleidungsstück man daraus schneidert und welche Verzierungen man wählt.

Übrigens: Auch wenn es noch so schön wäre, dem Puppenbaby etwas Wolliges anzuziehen: Wolle filzt bei häufigem Waschen und ist deshalb für strapazierte Puppenkleider eher ungeeignet.

Kinder sind heutzutage bestens darüber informiert, was »in« ist, und dem sollte man Rechnung tragen. Mit Stickern, Klettbandverschlüssen und Einnietdruckern liegen Sie mit Sicherheit im Trend.

Noch ein Tip:
Schneidern Sie auch aus abgelegten Kleidern und aus Stoffresten Puppenkleider! Vieles läßt sich wiederverwenden, und so können zum Beispiel ein ausrangierter Kinderpullover, ein alter Badeanzug oder gebrauchte Frotteehandtücher Grundlage einer neuen Puppengarderobe sein. Und mit ein paar Spitzen, einer farbigen Paspel und ein paar originellen Knöpfen verhelfen Sie auch dem unscheinbarsten Stoffrest zu modischem Glanz.

Knöpfe, Bänder, Borten und Spitzen – im Detail liegt das Geheimnis pfiffiger Puppenkleider.

TIPS UND TRICKS

ZUSCHNEIDEN

Die Schnitteile überträgt man entweder mit Kopierpapier oder indem man Seidenpapier auflegt und den Schnitt durchpaust. Wenn Sie mehrere Modelle nach einem Schnitt arbeiten möchten, ist es günstiger, den Schnitt aus Packpapier auszuschneiden, damit er länger hält.

Arbeiten Sie beim Zuschneiden immer auf einer glatten, flachen Unterlage und stecken Sie die einzelnen Schnitteile mit Stecknadeln auf dem Originalstoff fest. Kontrollieren Sie Fadenlauf, Stoffoberseite und Anzahl der Schnittteile, bevor Sie die Schere ansetzen. Schieben Sie beim Zuschneiden von Webpelz den Flor mit einem kleinen Messer nach innen, so vermeiden Sie kahle Stellen am fertig genähten Stück.

NÄHEN

Erfahrene Hobbyschneiderinnen fixieren die einzelnen Teile vor dem Zusammennähen mit Stecknadeln. Wer weniger versiert ist, sollte sich die Mühe machen und die Teile vor dem Nähen heften.

Bitte beachten Sie, daß gerade bei kleinen Teilen genaues Arbeiten unumgänglich ist und Hinweise wie »Dehnen« oder »Einhalten« unbedingt beachtet werden müssen.

Da Puppenbekleidung strapazierfähig sein muß, ist es am besten, wenn alle Schnitteile vor dem Zusammennähen mit Zickzackstichen oder Overlocknähten versäubert werden, auch wenn in der Anleitung nicht ausdrücklich darauf hingewiesen wird.

Stellen Sie die Stichlänge Ihrer Maschine auf 2,5 oder 3, im Bedarfsfall kann man Nähte so leichter auftrennen. Nach dem Nähen müssen die Nähte gebügelt werden. Achten Sie darauf, daß der Stoff dabei in Form bleibt.

Für die Verarbeitung von Trikotstoff oder Leder empfiehlt es sich, spezielle Nadeln zu verwenden. Achten Sie beim Bügeln von Trikotstoff darauf, das Teil nicht zu dehnen. Die Verarbeitung von Webpelz ist einfacher, wenn man mittels Schere und mit leichtem Druck das Schnitteil in Richtung Transporteur schiebt. Anschließend werden die Nähte mit einer Haarbürste ausgebürstet.

Sticker oder Applikationen lassen sich schnell und mühelos mit Textilkleber anbringen.

Mein Tip:
Wer saubere, gerade Nähte produziert, kann es sich erlauben, farbige Stoffe mit weißem Nähgarn zu nähen. Das ergibt einen hübschen Ziereffekt.

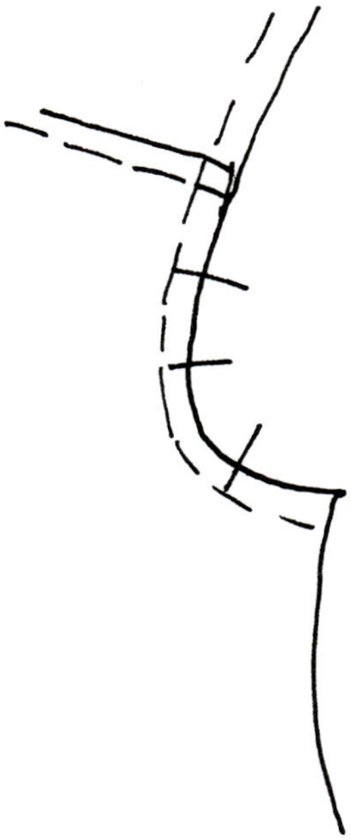

Abb. A
Überstehenden Stoff am Ärmel einschneiden

Abb. C
Ungerade Säume einschneiden

Oft sind es übrigens kleine Tricks, die Näharbeiten professionell aussehen lassen. So genügt es zum Beispiel schon, überstehenden Stoff an Kragen und Ärmeln ein wenig einzuschneiden, so daß das Teil sich von ganz alleine in die gewünschte Form legt (siehe Abb. A und B). Auch ungerade Säume legen sich leichter um, wenn man sie zuvor etwas einschneidet (siehe Abb. C).

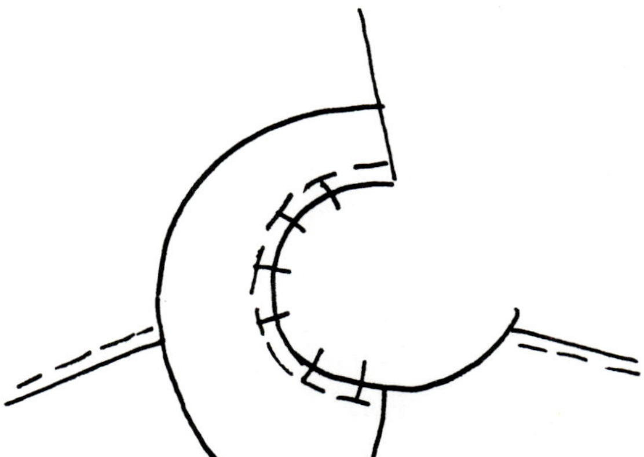

Abb. B
Überstehenden Stoff am Kragen einschneiden

ALLES, WAS EIN BABY BRAUCHT

Garnitur für Wiege, Bettchen, Puppenwagen

(Größe etwa 45 cm) Ohne Schnittmuster

So ein Puppenbaby braucht natürlich Bettzeug, für die Wiege oder den Puppenwagen, wenn es ausgefahren wird. Hier ist ein Vorschlag, der sich ganz schnell realisieren läßt. Wer's romantisch mag, sollte Stickereibatist verwenden oder Kissen und Bezug mit einer zarten Spitze versehen. Wer rustikale Bettwäsche möchte, nimmt einen derberen Stoff, etwa ein Bauernkaro. Als Füllstoff eignet sich Synthetikwatte. Im Bedarfsfall kann man den Bezug gleich mitsamt der Füllung waschen. Als Matratze wird eine Schaumgummiplatte von etwa 2 bis 3 cm Stärke überzogen.

MATERIAL

- *Stoffrest nach Wahl*
- *Rest Linon, weiß*
- *evtl. Stickereispitze*
- *Schaumgummiplatte, ca. 3 cm stark, 42 x 22 cm (Baumarkt)*
- *Synthetikwatte (Bastelgeschäft)*
- *Nähgarn*

ZUSCHNEIDEN

Kopfkissen, 54 x 24 cm, 1x
Deckbett, 33 x 43 cm, 2x
Matratze, uni, 44 x 24 cm, 2x
Laken, Linon weiß, 50 x 30 cm, 1x

NÄHEN

Schnitteile von Deckbett, Kissen und Matratze rechts auf rechts legen, mit Stecknadeln feststecken oder rundherum zusammenheften. Im Abstand von 1 cm entlang der Schnittkanten absteppen, dabei an einer Seite ein etwa 10 cm breites Stopfloch offenlassen. Nahtenden mit Rückstich sichern. Die Teile umwenden, Ecken ausstoßen. Deckbett und Kissen mit Synthetikwatte füllen, in den Matratzenbezug die Schaumgummiplatte einschieben, darauf achten, daß die Platte bis in die Ecken reicht. Nun den Stoff an den Stopflöchern 1 cm nach innen einschlagen.

Alle Teile schmalkantig von rechts zusteppen.

Wer's ganz echt haben will, verziert die Matratze mit einigen Handstichen.

Das Laken schmalkantig rundherum säumen.

Hinweis:
Das Nachthemd, das das Baby auf diesem Foto trägt, kann mit leicht veränderten Maßangaben nach dem Schnittmuster des Nachthemds von Seite 48 geschneidert werden.

Strampelanzug

(für eine ca. 30 cm große Babypuppe)

Als erstes bekommt unser Baby einen Strampelanzug aus kuschelweichem Frottee in Pink. Er ist zum Krabbeln im Laufgitter genauso geeignet wie zum Schlafen. Wer will, näht dieses einfache Modell gleich in mehreren zueinander passenden Farben, so daß man die Teile miteinander kombinieren kann.

ZUSCHNEIDEN

Vorderteil, 1x
Rückenteil, 2x
Halsbund 18 x 3 cm,
1x (ohne Schnittmuster)
Hose, 2x

NÄHEN

Oberteil: Vorder- und Rückenteile rechts auf rechts legen, Schulternähte schließen, Nahtende mit Rückstich sichern. Armausschnittkanten ca. 1/2 cm nach links umlegen und schmalkantig säumen. Halsbund längs auf die Hälfte einschlagen (rechte Seite außen), rechts auf rechts auf den Halsausschnitt legen und schmalkantig feststeppen. Alle noch nicht versäuberten Schnittkanten des Oberteils ca. 1 cm nach links umlegen, schmalkantig säumen, Enden mit Rückstichen sichern. Teil wenden. Am Rückenteil zwei Druckknöpfe annähen.

Hose: Teile rechts auf rechts legen, vordere Mittelnaht schließen. Hose an der Taillenschnittkante ca. 2 cm nach links umschlagen, Gummi einlegen und so steppen, daß der Gummi lose dazwischen liegt. Hintere Mitte schließen. Am Bein (Einschnitt) von links Gummilitze gedehnt aufsteppen. Schritt schliessen. Füßling vorne und hinten ca. 1 cm quer abnähen, wenden.

Achtung: Falls Sie Frottee (Trikotbasis) verarbeiten, sollten Sie die Teile nicht bügeln!

MATERIAL

- *Rest Frottee in Pink*
- *Gummilitze: Bund 16 cm, Beine 10 cm (2x)*
- *Nähgarn*
- *2 Druckknöpfe zum Annähen*

Schnitt siehe Schnittmusterbogen Seite A

Windeln und Lätzchen

(für eine ca. 30 cm große Babypuppe)

Damit sich das Baby nicht wundliegt, braucht es unbedingt richtige Windeln, die aus weichem Baumwollmull gemacht werden.
Und auch auch beim Essen muß es wie im richtigen Leben zugehen: Mit diesem Lätzchen kann sich das Baby schon mal vollkleckern, denn der pflegeleichte weiße Lack ist im Handumdrehen wieder sauber.

MATERIAL

- *Rest Wachstuch weiß, 8 x 8 cm*
- *Rest Mullwindel, 30 x 30 cm*
- *22 cm dünne weiße Seidenkordel, 2x*
- *Nähgarn*
- *2 kleine Reste Wachstuch für die Herzen*
- *Alleskleber*

Schnitt siehe Schnittmusterbogen Seite A Windeln ohne Schnittmuster

ZUSCHNEIDEN

Windel: Stoff diagonal zusammenlegen und durchschneiden (ergibt 2 Windeln).

Lätzchen: Schnitt von links (textile Seite) auflegen, Kanten mit Bleistift umfahren, ausschneiden.

FERTIGSTELLUNG

Windel: Alle Schnittkanten mit Zickzackstichen versäubern.

Lätzchen: Kordel an der Schulter annähen und einen Klecks Kleber daraufgeben. Die beiden anderen Enden, damit sie sich nicht auftrennen, verknoten. Zwei Herzen ausschneiden und aufkleben (siehe Foto).

Taufkleid

(für eine ca. 30 cm große Babypuppe)

Heute wird Muttis kleiner Liebling getauft. Klar, daß man zu diesem festlichen Ereignis auch ein besonders schönes Taufkleid braucht. Wie wäre es mit diesem Modell aus zartem weißen Batist und viel schöner Stickereispitze als Garnierung?

ZUSCHNEIDEN

Vorderteil 1x
Rückenteil, 2x
Ärmel, 2x
Passe, 1x

NÄHEN

Passe mit Spitze besetzen, Spitze umschlagen, bügeln. Ärmel an der unteren Schnittkante mit Spitze verstürzen und Gummilitze (von links) gedehnt untersteppen. Passe an Rockteil anrüschen, mit Rückstich sichern. Schulternähte schließen (Rücken- und Vorderteile liegen rechts auf rechts). Naht mit Rückstich sichern. Ärmel (ab Einschnitt) einrüschen oder in kleine Fältchen gelegt einnähen. Hals mit Spitze verstürzen (rechts auf rechts), Stoff bis kurz vor die Naht einschneiden, evtl. Spitze gegensteppen.

Seitennähte ab Ärmel bis Saum schließen, mit Rückstich sichern. Rockteil (Markierung) mit schmaler Spitze besetzen, umbügeln, anschließend Saum mit Spitze verstürzen, dabei Stoff so legen, daß eine kleine Biese entsteht. Taufkleid im Rücken bis Einschnitt schmalkantig versäubern, ab Einschnitt zunähen, mit Rückstich sichern. Im Rücken zwei Druckknöpfe annähen. Vorderteil garnieren.

MATERIAL

- weißer Batist oder Taft, 30 x 75 cm
- Stickereispitze weiß ca. 2,5 cm breit/115 cm lang und 3,5 cm breit/60 cm lang
- Gummilitze 7 cm, 2x
- 2 Druckknöpfe

Schnitt siehe Schnittmusterbogen Seite A

MATERIAL

- *Rest Musselin, Millefleur Druck, 35 x 20 cm*
- *Batist hellbeige, 40 x 30 cm*
- *Gummilitze, Bund 18 cm, Beine 12 cm (2x)*
- *Satinband violett, 0,5 cm breit, 30 cm lang*
- *2 Druckknöpfe zum Annähen*

Schnitt siehe Schnittmusterbogen Seite A

Ausfahrgarnitur Ärmelloser Anzug

(für eine ca. 30 cm große Babypuppe)

Wenn Baby ausgefahren wird, soll es natürlich ganz besonders hübsch aussehen. Deshalb bekommt es zwei reizende Ausfahrgarnituren. Zum einen ein Blüschen, mit winzig kleinen Blumen bedruckt und einer kessen Schleife, und zum anderen ein niedliches rosakariertes Kittelchen, garniert mit zarter Stickereispitze und einem rosa Höschen.

ZUSCHNEIDEN

Vorderteil Musselin,1x
Rückenteil Musselin, 2x
Hose, Batist uni beige, 2x
Kragen, Batist uni beige, 4x

NÄHEN

Blüschen: Vorder-und Rückenteile rechts auf rechts legen, Schulternähte schließen, mit Rückstich sichern, Naht ausbügeln. Jeweils zwei Kragenteile übereinander legen, schmalkantig säumen, Stoff bis kurz vor die Naht einschneiden, Kragen wenden, Naht ausstoßen, bügeln. Kittel offen (rechts liegt oben) hinlegen, Kragen auflegen und schmalkantig, entlang des Halsauschnittes aufnähen. Stoff bis kurz vor die Naht einschneiden, überstehenden Stoff nach links umlegen und von rechts schmal feststeppen. Armausschnittkanten ca. 1/4 cm einschneiden, Stoff 1/2 cm nach links umlegen, schmalkantig säumen, Naht bügeln. Seitennähte übereinanderlegen, zusteppen. Naht flach auflegen, bügeln. Alle noch offenen Schnittkanten zur Hälfte nach links umschlagen, bügeln, schmalkantig säumen. Im Rückenteil zwei Druckknöpfe, am Vorderteil Schleife annähen.

Höschen: Vordere Mittelnaht schließen, bügeln. Beinausschnittkanten 2 cm nach links umschlagen, Gummilitze so einnähen, daß sie inwendig lose dazwischen liegt. Taillengummi genauso einnähen. Hintere Mittelnaht schließen. Beine rechts auf rechts übereinanderlegen, Schritt schließen, Naht bügeln.

Kittelchen aus Vichykaro mit Höschen

(für eine ca. 30 cm große Babypuppe)

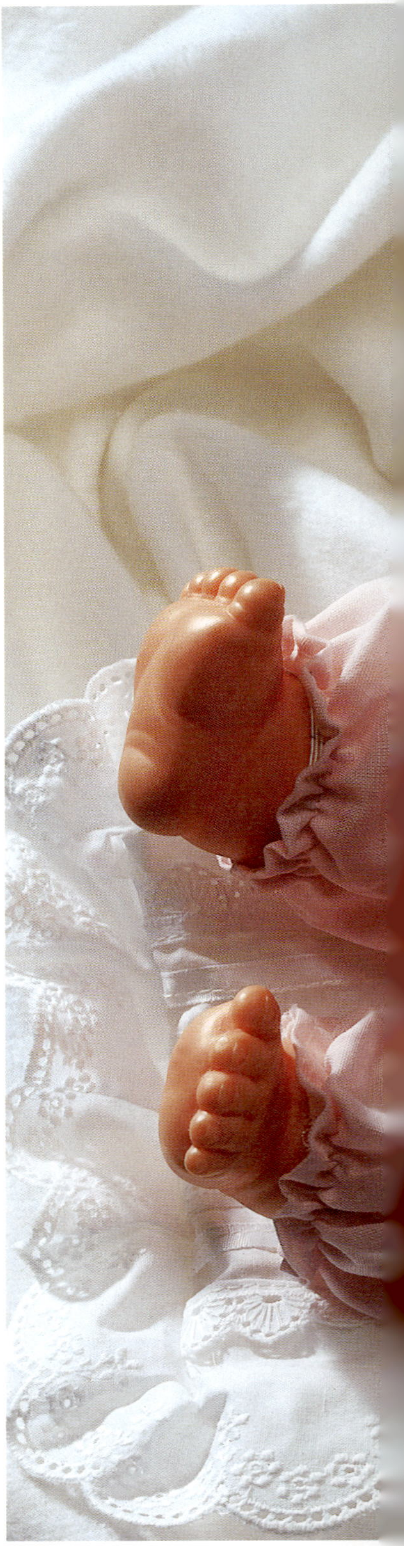

Schnitt siehe Schnittmusterbogen Seite A

MATERIAL

- *Batist Vichykaro rosa-weiß, 55 x 20 cm*
- *Batist uni rosa, 20 x 60 cm*
- *Stickereispitze weiß, 2,5 cm breit, 60 cm lang*
- *Gummilitze weiß, für Bund 18 cm, für Beine 10 cm (2x), für Ärmel 9 cm (2x)*
- *2 Druckknöpfe zum Annähen*

ZUSCHNEIDEN

Vorderteil, Batist kariert, 1x
Rückenteil, Batist kariert, 2x
Ärmel, Batist kariert, 2x
Hose, Batist uni rosa, 2x
Halsbund, Batist uni rosa, 17 x 3 cm, 1x (ohne Schnittmuster)
Latz, Batist uni rosa, 1x

NÄHEN

Kittel: Spitze (Bogen zeigen zur Armkugel) glatt auf die Ärmel steppen, nach rechts umschlagen, bügeln, von links Gummilitze gedehnt aufnähen.

Lätzchen: Spitze (Bogen zeigen nach innen) in kleinen Fältchen entlang der Schnittkante aufnähen, Spitze nach rechts umschlagen, Naht vorsichtig bügeln. Überstehendes Material (es zeigt jetzt nach innen) schmalkantig absteppen.

Lätzchen (links auf rechts) auf das Vorderteil legen, Rückenteil darüberlegen, Schulternähte schliessen, Naht bügeln. Halsbund längs auf Hälfte falten, bügeln, Halsbund entlang der Halsausschnittkante aufnähen, bügeln. Ärmel auf Weite des Armausschnitts einrüschen und in den Armausschnitt einnähen. Seitennähte, rechts auf rechts, übereinanderlegen, schliessen, Teile auseinanderschlagen, bügeln. Alle noch nicht versäuberten Schnittkanten 1 cm nach links umschlagen, bügeln. Rücken und Saum durchgängig schmal säumen, bügeln. Im Rücken zwei Druckknöpfe annähen.

Hose: Die Hose wird wie das Hosenmodell zuvor (Seite 23) genäht.

FÜR SCHUL- UND FESTTAGE

Schottenkleid für den Schulanfang

(für eine ca. 55 cm große Puppe, schlanker Typ)

Heute ist endlich der große Tag, auf den Susi schon so lange gewartet hat. Mächtig stolz ist sie auf ihren schönen neuen Ranzen, das fesche Schottenkleid und die riesengroße Schultüte.

MATERIAL

- *ein Rest buntes Schottenkaro, 50 x 90 cm*
- *1 kleiner Spitzenkragen oder ein Rest Taft weiß, 25 x 20 cm*
- *Stickereispitze weiß, 2,5 cm breit, 50 cm lang*
- *Gummilitze für die Ärmel, 10 cm, 2x*
- *Schleifenband weiß, 1,5 – 2 cm breit, 85 cm lang*
- *2 Druckknöpfe zum Annähen oder Klettband*
- *Nähgarn*

ZUSCHNEIDEN

Rock, Schottenkaro, 26 x 90 cm, 1x (ohne Schnittmuster)
Ärmel, Schottenkaro, 2x
Vorderteil, Schottenkaro, 1x
Rückenteil, Schottenkaro, 2x
evtl. Kragen, Taft weiß, 4x

NÄHEN

An beide Ärmel Stickereispitze verstürzt annähen, umbügeln, Gummilitze, gedehnt von links aufnähen. Vorder- und Rückenteile rechts auf rechts übereinanderlegen, Schulternähte schließen, Nahtenden mit Rückstichen sichern, Naht bügeln. Kragenteile (Taft) übereinanderlegen, schmalkantig säumen, bis kurz vor die Naht einschneiden, wenden, ausstoßen, bügeln. Spitzen- oder Taftkragen entlang des Halsausschnitts aufnähen, bis zur Naht einschneiden, nach links umlegen und von rechts entlang der Ausschnittkante gegensteppen. Oberteil (rechte Seite liegt oben) offen hinlegen, Ärmel einnähen. Ärmel rechts auf rechts übereinanderlegen, Seitennähte ab Ärmel bis zur Taille schließen, dabei jeweils das Schleifenband (42 cm) mit in die Naht fassen, Nahtende mit Rückstich sichern. Rock an einer der Längsseiten schmalkantig säumen, bügeln, die gegenüberliegende Seite auf die Weite des Oberteils einrüschen, Fadenenden verknoten. Rock an Oberteil annähen, bügeln. Rückenteile bis zum Einschnitt schmalkantig säumen, Rock in der hinteren Mitte rechts auf rechts liegend bis Einschnitt zunähen, bügeln. Im Rücken zwei Druckknöpfe an- oder Klettband unternähen.

Schnitt siehe Schnittmusterbogen Seite A

MATERIAL

- Stickereibatist weiß, 90 x 50 cm, möglichst mit Bogenkante
- Satinband weiß, 2 cm breit, 65 cm lang
- Stickereispitze weiß, 2,5 – 3 cm breit, 50 cm lang
- Gummilitze für die Ärmel, 10 cm, 2x
- 2 Druckknöpfe zum Annähen
- Nähgarn

Schnitt siehe Schnittmusterbogen Seite A

Romantisches Festtagskleid

(für eine ca. 55 cm große Puppe, schlanker Typ)

Natalie ist zur Hochzeit eingeladen. Sie darf Blumen streuen. Natürlich bekommt sie zu diesem festlichen Ereignis auch ein neues Kleid. Romantische Spitze, ganz in Weiß, ist angesagt und dazu ein Strohhut mit vielen kleinen roten Rosen. Sieht sie nicht zauberhaft aus?

ZUSCHNEIDEN

Vorderteil, 1x
Rückenteil, 2x
Rock, 75 x 19 cm, 1x
(ohne Schnittmuster)
Ärmel, 2x
Halsbund, 24 x 3,5 cm
(ohne Schnittmuster)

NÄHEN

Ärmel mit Stickereispitze verstürzen, Gummilitze (von links) gedehnt unternähen. Schulternähte, rechts auf rechts liegend, schliessen, Nahtenden sichern. Oberteil so hinlegen, daß die rechte Seite obenauf liegt. Ärmel rechts auf rechts auflegen und in kleine Fältchen gelegt einnähen. Wer nicht so versiert ist, sollte die Ärmel besser vorher auf die Weite des Armausschnitts einrüschen. Halsbund längs auf die Hälfte falten und auf den Halsausschnitt aufnähen, Stoff bis kurz vor die Naht einschneiden, Bund hochschlagen, bügeln. Seitennähte schließen, mit Rückstich sichern. Rock auf die Weite des Oberteils einrüschen, Fadenenden verknoten und Rock an Oberteil annähen. Rückenteile 1 cm nach links umschlagen und schmalkantig bis Einschnitt säumen, ab Einschnitt rechts auf rechts liegend zunähen. Im Rücken zwei Druckknöpfe annähen. Kleid wenden und bügeln. Abschließend das Satinband um die Taille legen, an den Seitennähten mit Handstichen annähen, vorn eine Schleife binden, evtl. mit einer kleinen Stoffrose garnieren.

Wickelrock und Bluse für die Party

(für eine 55 cm große Puppe, schlanker Typ)

Unkompliziert, aber dennoch modisch »in« ist dieser Wickelrock. Er wird mit einer lässigen Bluse komplettiert. Ein kleiner geteilter Stehkragen, Material und Stoffmuster unterstreichen den indischen Touch. Musselin und Bourettseide sind die Stoffe für diese Kombination, die supereinfach zu nähen ist.

MATERIAL

- *Rest Bouretteseide beige, 35 x 60 cm*
- *Rest Musselin bedruckt, 60 x 60 cm*
- *3 Druckknöpfe zum Annähen*
- *Nähgarn*

Schnitt siehe Schnittmusterbogen Seite A

ZUSCHNEIDEN

Bluse Vorderteil, Bouretteseide beige, 1x
Bluse Rückenteil, Bouretteseide beige, 2x
Bluse Halsbund, Bouretteseide beige, 3,5 x 12,5 cm, 2x (ohne Schnittmuster)
Ärmel, Bouretteseide beige, 2x
Rock, Musselin bedruckt, 1x (ohne Schnittmuster)
Rockbund, Musselin bedruckt, 9 x 4,5 cm, 1x (ohne Schnittmuster)

NÄHEN

Bluse: Ärmel säumen. Halsbündchen längs auf die Hälfte falten, eine Seite abnähen, Nahtende mit Rückstich sichern, wenden. Ecke ausstoßen, bügeln. Schulternähte schließen, Ärmel rechts auf rechts auflegen, aufsteppen. Halsbündchen rechts auf rechts am Halsausschnitt auflegen, Mitte (Einschnitt) beachten, aufnähen, Stoff bis kurz vor die Naht einschneiden, nach links umschlagen und entlang der Halslinie von links gegensteppen. Ärmel und Seitennähte bis Einschnitt schließen, Nahtende mit Rückstich sichern. Rückenteile und Saum des Vorderteils 1 cm nach links umschlagen, schmalkantig säumen, dabei gleichzeitig auch die kleinen Schlitze der Seitennähte umschlagen und mitsäumen. Im Rückenteil zwei Druckknöpfe annähen.

Rock: Rockbund längs falten, rechte Seite liegt innen, die schmalen Kanten säumen, Nahtende mit Rückstich sichern, Bund wenden, bügeln. Rockteil bis auf eine Längsseite rundherum schmalkantig säumen. Rockteil entweder auf Weite des Bunds einrüschen oder in Falten gelegt (rechts auf rechts) an den Bund annähen. Am Bund einen Druckknopf annähen.

CHIC UN
IN DE

Bei der Gartenarbeit

(für eine 44 cm große Puppe)

Karin ist der absolute Naturfan. Und weil sie Blumen über alles liebt, beschäftigt sie sich die meiste Zeit im Garten. In diesem Dress, bestehend aus Hose, Shirt und Tuch sieht sie auch bei der Arbeit unwiderstehlich aus.

MATERIAL

- *Rest Popeline uni, 40 x 100 cm*
- *Rest Druckstoff, 25 x 75 cm*
- *Gummilitze 18 cm*
- *2 Druckknöpfe oder 4 cm Klettband, 1 cm breit*
- *Nähgarn*

ZUSCHNEIDEN

Hose, Popeline uni, 2x
Shirt Vorderteil, Druckstoff, 1x
Shirt Rückenteil, Druckstoff, 2x
Bluse Ärmel, Druckstoff, 2x
Halsbund, Druckstoff, 22 x 3,5 cm, 1x (ohne Schnittmuster)
Tuch 35 x 35 cm (ohne Schnittmuster)

NÄHEN

Bluse: Ärmel schmalkantig säumen. Halsbund längs auf Hälfte einschlagen (rechts liegt außen), bügeln. Schulternähte schließen, Nahtende mit Rückstich sichern, Teil offen hinlegen (rechte Seite liegt oben), Ärmel und Halsbündchen auf- bzw. einnähen. Stoff am Halsbund bis kurz vor die Naht einschneiden, Halsbund bügeln. Ärmel und Seitennähte schließen, mit Rückstichen sichern. Saum schmalkantig umsäumen. Rückenteile 1 cm nach links umschlagen und säumen. An den Rückenteilen zwei Druckknöpfe annähen oder zweimal je 2 cm Klettband untersteppen.

Hose: Beine 1 cm nach rechts umschlagen und säumen. Vordere Mittelnaht schließen, Rückstich. Hose am Bund ca. 2 cm nach links umschlagen, Gummilitze gedehnt, lose zwischen den Stofflagen liegend, einnähen. Rückwärtige Mitte schließen, Rückstich. Hose im Schritt schließen, Rückstiche. Hose wenden, Beinnähte bügeln.

Tuch: Stoff diagonal auf Hälfte falten und durchschneiden (ergibt zwei Tücher).

**Schnitt siehe
Schnittmusterbogen Seite A**

MATERIAL

- *Websamt uni blau, 30 x 110 cm*
- *Websamt kariert, 60 x 20 cm*
- *Rest Lackfolie*
- *Gummilitze: Arme 10 cm, 2x, Bund 22 cm, Haarband 3 cm, Hosenbund 18 cm*
- *Textilkleber*
- *Nähgarn*
- *Klettband ca. 1 cm breit, 2 x 2 cm*
- *Embleme*

Schnitt siehe Schnittmusterbogen Seite A

Jeans und Shirt im Doppelpack

(für eine 44 cm große Puppe)

Blau und Pink sind die Farben von Janinas sportlichem Dress. Mit Sticker, Stirnband und einer Umhängetasche sieht sie einfach unwiderstehlich aus.

ZUSCHNEIDEN

Shirt Vorderteil, uni blau, 1x
Shirt Rückenteil, uni blau, 2x
Hose, uni blau, 2x
Ärmel, kariert, 2x
Halsbund, kariert, 24 x 3 cm, 1x (ohne Schnittmuster)
Tasche, kariert, 18 x 13 cm, 1x (ohne Schnittmuster)
Haarband, Lackfolie pink, 2,5 x 30 cm, 1x (ohne Schnittmuster)
Taschenhenkel, Lackfolie pink, 20 x 2 cm, 1x (ohne Schnittmuster)
Sticker Vorderteil, Lackfolie pink, 4,5 x 4 cm, 1x (ohne Schnittmuster)
Sticker Tasche, Lackfolie pink, 4,5 x 4 cm, 1x (ohne Schnittmuster)

NÄHEN

Shirt: Ärmel nach links umschlagen, Gummilitze so einsteppen, daß sie lose dazwischen liegt. Schulternähte schließen, Rückstich. Shirt offen hinlegen, rechts auf rechts Ärmel ab Einschnitt auflegen und aufnähen. Halsbund rechts auf rechts auf die Halsausschnittkante aufnähen, Stoff bis kurz vor die Naht einschneiden. Seitennähte von Ärmelbund bis Taille schließen, Rückstich. Saum nach links umschlagen, Gummi lose zwischen dem Stoff liegend einnähen. Rückenteile bis Einschnitt schmalkantig säumen, dabei Klettband gegengleich mitfassen. Ab Einschnitt Rückenteile rechts auf rechts liegend bis zum Bund zunähen, Nahtende mit Rückstich sichern. Shirt wenden.

Sticker für Vorderteil und Hose: Emblem auf Lackfolie aufsteppen, dann die Sticker an der entsprechenden Position mit Kleber aufkleben. Am Shirt Bändchen durchziehen und verknoten.

Hose: Vordere Mittelnaht schliessen, Rückstich. Am Bund Stoff nach links umschlagen und Gummi lose zwischen dem Stoff liegend einsteppen. Beine schmalkantig säumen. Rückwärtige Mittelnaht schließen, Rückstich. Schritt schließen, Nahtenden mit Rückstich schließen. Hose wenden.

Tasche: Stoff an einer der Längsseiten ca. 3 cm umschlagen und säumen. Stoff längs auf die Hälfte falten, rechts liegt innen, Tasche an zwei Seiten zusteppen, Nahtende mit Rückstich sichern, Tasche wenden. An der Vorderseite Sticker aufkleben, am oberen Rand von links Henkel unterkleben.

Stirnband: Von links Gummi unterlegen, feststeppen, Rückstich.

Jäckchen mit Rock oder Hose

(für eine 38 cm große Puppe, schlanker Typ)

Kleider kann man nie genug haben, das wissen schon die Kids. Deshalb hier ein Vorschlag, der nicht nur unkompliziert zu nähen, sondern auch sehr effektvoll ist.

MATERIAL

- *Rest Druckstoff, 25 x 50 cm*
- *Rest uni gelb und grün, 50 x 20 cm*
- *Gummilitze*
- *Nähgarn*
- *1 Druckknopf*

ZUSCHNEIDEN

Jäckchen
Vorderteil, Druckstoff, 2x
Rückenteil, Druckstoff, 1x
Halsbund, Druckstoff,
1x (ohne Schnittmuster)

Hose, uni gelb, 2x

Rock, uni grün,
1x (ohne Schnittmuster)

NÄHEN

Jäckchen: Schulternähte schließen, mit Rückstich sichern. Ärmelkanten 1 cm nach links umschlagen, schmalkantig säumen. Halsbund längs auf Hälfte falten, bügeln, rechts auf rechts entlang des Ausschnitts aufnähen, Stoff bis zur Naht einschneiden, Halsbund hochlegen, bügeln. Seitennähte schließen. Alle noch unversäuberten Schnittkanten 1 cm nach links umlegen und schmalkantig säumen. Im Vorderteil einen Druckknopf annähen.

Hose: Vordere Mittelnaht schliessen, Rückstich. Hose am Bund 2 cm nach links umschlagen, Gummilitze einlegen, Umschlag so festnähen, daß das Gummi lose zwischen dem Stoff liegt. Beine nach links umschlagen und schmalkantig säumen. Rückwärtige Mittelnaht schließen, mit Rückstich sichern. Schritt schließen, Hose wenden und Schritt bügeln.

Rock: Eine Längsseite des Rocks schmalkantig säumen. Auf der gegenüberliegenden Seite Gummi wie bei der Hose einnähen. Rock rechts auf rechts übereinanderlegen, schließen, Nahtenden mit Rückstich sichern.

Schnitt siehe Schnittmusterbogen Seite B

Anorak und Hose

(für eine 43 cm große Puppe)

MATERIAL

- *Schottenstoff 50 x 25 cm*
- *Synthetikplüsch, beige, Florlänge ca. 1/2 cm, 25 x 80 cm*
- *Klettband, 2 cm breit, 18 cm lang*
- *Gummilitze: Hose 18 cm, Ärmel 12 cm (2x), Bund 24 cm*
- *Nähgarn*
- *1 kleiner Sticker*

»Chic in die Ferien«, das ist Carolins Motto. Und deshalb wird sie jetzt auch ganz neu eingekleidet, mit Hosen und einem flotten Schal in rotem Schottenkaro. Eine flauschige, lässig geschnittene Jacke vervollständigt das Outfit.

Schnitt siehe Schnittmusterbogen Seite B

ZUSCHNEIDEN

Hose, Schottenkaro, 2x
Schal, Schottenkaro, 60 x 5 cm (ohne Schnittmuster)
Vorderteil Jacke, Plüsch beige, 2x
Rückenteil Jacke, Plüsch beige, 1x

NÄHEN

Hose: Hosenteile rechts auf rechts legen, eine Mittelnaht schließen, Nahtende mit Rückstich sichern. Beine 1 cm nach links umschlagen und schmalkantig säumen. Hose an der Taille gut 2 cm nach links umschlagen und Gummilitze gedehnt, lose zwischen dem Stoff liegend, einnähen. Zweite Mittelnaht schließen, Nahtende mit Rückstich sichern. Schritt schließen, Hose wenden, bügeln.

Jacke: Vorder- und Rückenteile rechts auf rechts übereinanderlegen, Schulternähte schließen. Halsausschnitt (Markierung) einschneiden, 1 cm nach links umschlagen und schmalkantig säumen. Ärmel gut 2 cm nach links umschlagen, Gummilitze gedehnt, lose zwischen dem Stoff liegend, einnähen. Seitennähte ab Arm und bis Saum schließen, Rückstiche an den Nahtenden. Jackensaum 2 cm nach links umschlagen, Gummilitze gedehnt, lose zwischen dem Stoff liegend, einnähen. Vordere Abschlußkanten der Jacke 1,5 cm nach links umschlagen, gegengleich Klettband aufnähen, Enden mit Rückstichen sichern.

Schal: An einem Ende Sticker oder Motiv aufnähen. Rundherum alle Schnittkanten ausfransen.

Mode für Wasserratten: Bikini

(für eine 36 cm große Puppe, schlanker Typ)

Und ist die Susi noch so klein, sie will doch stets die Schönste sein! Und das ist sie doch auch in dem blütenweißen Bikini und dem tollen Stirnband.

MATERIAL

- *Rest Synthetik, weiß (Badeanzug), ca .10 x 30 cm*
- *Satinband hellblau, 0,5 cm breit, 25 cm lang*
- *Nähgarn*
- *Gummilitze*

ZUSCHNEIDEN

Hose, 2x
Oberteil, 1x
Haarband, ca. 4,5 cm breit, Länge nach Bedarf, 1x (ohne Schnittmuster)
Schleife, 5 x 3,5 cm

NÄHEN

Hose: Eine Seitennaht schließen, Rückstich. Beinausschnitte schmalkantig säumen. Bund ebenfalls schmalkantig säumen, anschließend Gummilitze (Länge vorher am Modell ausmessen) untersteppen. Zweite Seitennaht schließen, Rückstich. Schritt schließen, Rückstich. Aus dem Satinband zwei winzig kleine Schleifchen binden und seitlich, etwas nach vorn versetzt, annähen.

Oberteil: Teil an den Längsseiten schmalkantig säumen. Rechts auf rechts übereinanderlegen, Teil schließen, Nahtenden mit Rück-

stichen sichern. Oberteil in der vorderen Mitte eng mit Faden umwickeln, befestigen und Faden vernähen.

Haarband: Band längs einschlagen, hintere Mitte schließen (Umschlag liegt innen), mit Rückstich sichern. Schleife mit Satinband zusammenfassen, Satinband vernähen. Schleife seitlich am Stirnband festnähen.

Mein Tip:
Achtung: Elastische Stoffe zu nähen ist nicht immer einfach. Am besten geht es, wenn Sie Ihre Maschine auf Zickzackstich, etwa bei 0,5 einstellen. Wer das nicht kann, sollte die Nähte am besten zweimal nähen und dabei den Stoff (damit er nicht ausleiert) unter leichtem Druck mit der Schere gegen den Transporteur schieben.

Schnitt siehe Schnittmusterbogen Seite B

MATERIAL

- *Rest Frottee uni, 35 x 75 cm*
- *Rest bedruckter Stoff 25 x 35 cm*
- *Nähgarn*
- *1 Knopf, weiß*

Schnitt siehe Schnittmusterbogen Seite B

Bademantel

(für eine 38 cm große Puppe, schlanker Typ)

Wer lange im Wasser ist, muß sich anschließend schön warm einpacken. In diesem türkisfarbenen Bademantel aus kuschelweichem Frottee dürfte das kein Problem sein. Eine tolle Strandtasche vervollständigt die Ausrüstung.

ZUSCHNEIDEN

Vorderteil, Frottee, 2x
Rückenteil, Frottee,1x
Manteltaschen, Frottee, 9 x 8 cm, 2x
Gürtel, Frottee, 54 x 4 cm (ohne Schnittmuster)

NÄHEN

Taschen an zwei Seiten schmalkantig säumen und auf die beiden Vorderteile (Markierung) aufsteppen. Vorderteile und Rückenteil rechts auf rechts übereinanderlegen und Schulternähte schließen, Rückstich. Ärmel 1 cm nach links umschlagen und säumen. Halsausschnitt (Markierung) einschneiden und schmalkantig versäubern. Seitennähte ab Arm bis Saumkante (rechts auf rechts liegend) schließen, Rückstich. Abschlußkanten der Vorderteile 1 cm nach links umschlagen und säumen, Saum 1 cm nach links umschlagen und ebenfalls säumen. Am Vorderteil einen Knopf annähen. Gürtel an den Längsseiten knapp 1 cm umschlagen, bügeln oder steppen, dann Gürtel längs auf Hälfte falten und zusammensteppen.

Die Anleitung für die Strandtasche finden Sie bei den Accessoires.

SPORTLICH & MODERN

Shirt und Radlerhose für Fahrradfreaks

(für eine ca. 42 cm große Puppe, pummeliger Typ)

Auch wenn's sportlich hoch her geht, ein modisches Outfit muß sein. Um diese tolle Kombination wird Susi sicher jede ihrer Freundinnen beneiden.

MATERIAL

- *Stoffrest uni grün, 50 x 20 cm*
- *Rest bunt bedruckt, 30 x 50 cm*
- *Gummilitze, 22 cm*
- *2 Druckköpfe zum Annähen*
- *Nähgarn*

Schnitt siehe Schnittmusterbogen Seite B

ZUSCHNEIDEN

Vorderteil, bunt bedruckt, 1x
Rückenteil, bunt bedruckt, 2x
Halsbund, bunt bedruckt, 22 x 3 cm (ohne Schnittmuster)
Ärmel, bunt bedruckt, 2x
Hosenteil, uni grün, 2x

NÄHEN

Shirt: Ärmel 1cm nach links umschlagen, säumen, bügeln. Vorder- und Rückenteile rechts auf rechts übereinanderlegen, Schultern schließen, bügeln. Halsbund längs auf die Hälfte umschlagen, bügeln, am Halsausschnitt aufnähen, Stoff bis kurz vor die Naht einschneiden, ausbügeln. Bluse offen hinlegen (rechte Seite liegt obenauf), Ärmel rechts auf rechts auflegen, schmalkantig einnähen. Seitennähte ab Arm bis Taille schließen, Naht ausbügeln. An den Rückenteilen Stoff ca. 1 cm nach links umschlagen und Bluse rundherum (einschließlich Saum) schmalkantig säumen. Am Rückenteil zwei Druckknöpfe annähen.

Radlerhose: Vordere Mittelnaht schließen, Naht mit Rückstich sichern, bügeln. Beinabschlüsse ca. 1 cm nach links umschlagen, bügeln, schmalkantig säumen, bügeln. Hose an der Taille gut 2 cm nach links umschlagen, Gummilitze gedehnt einnähen, so daß sie lose im Tunnel liegt. Hintere Mittelnaht schließen. Schritt schließen.

MATERIAL

- *Fleece bunt bedruckt, 85 x 60 cm*
- *Gummilitze: Hose 18 cm, Oberteil 22 cm, Ärmel 10 cm (2x)*
- *Nähgarn*
- *Klettband ca. 2 cm breit, 2 cm lang (2x)*

Schnitt siehe Schnittmusterbogen Seite B

Skianzug

(für eine ca. 42 cm große Puppe, pummeliger Typ)

Mollig warm und noch dazu hübsch anzusehen ist dieser Skianzug aus weichem Fleece. Eine kesse Mütze schützt gegen Schnee und Wind. So geht Manuela doppelt so gern auf die Piste.

ZUSCHNEIDEN

Oberteil vorne, 1x
Oberteil hinten, 2x
Halsbund, 25 x 3,5 cm
(ohne Schnittmuster)
Hose, 2x
Ärmel, 2x
Mütze, 31 x 19 cm, dazu Schleife
11 x 6 cm, Bündchen 5 x 3 cm
(ohne Schnittmuster)

NÄHEN

Blouson: Ärmel umschlagen, Gummi lose zwischen dem Umschlag einnähen. Schulternähte schliessen, Nahtende mit Rückstich sichern. Teil offen hinlegen, ab Einschnitt Ärmel aufnähen.

Halsbund längs auf Hälfte falten, rechts liegt oben, am Halsausschnitt aufnähen, Stoff bis kurz vor die Naht einschneiden. Seitennähte ab Arm bis Taille schließen, Nahtenden mit Rückstich sichern. Blouson an der Taille umschlagen, Gummi lose zwischen den Stofflagen liegend einnähen. Rückteile bis Einschnitt umschlagen und säumen, dabei gegengleich zweimal Klettband mitfassen. Rückenteile ab Einschnitt rechts auf rechts zunähen. Blouson wenden.

Hose: Vordere Mittelnaht schliessen, Rückstich. Am Bund Stoff nach links umschlagen und Gummilitze lose zwischen dem Stoff liegend einnähen. Rückwärtige Mittelnaht schließen, Rückstich. Beine nach links umschlagen, säumen. Schritt schließen, Nahtenden mit Rückstich sichern. Hose wenden.

Mütze: Teil quer (Einschnitt) zweimal umschlagen. Mütze an der hinteren Mitte schließen (Umschlag liegt innen), mit Rückstich sichern. An der offenen gegenüberliegenden Kante die Mütze mit Handstichen zusammenfassen, Faden mehrmals um den Stoff wickeln, feststechen. Mütze wenden. Schleife mit Bündchen zusammenfassen, Faden vernähen. Schleife seitlich versetzt am Mützenrand annähen.

ALLERLEI ACCESSOIRES

Nachthemd

(für einen 38 cm große Puppe, schlanker Typ)

Ein Hauch aus Spitze und Batist ist dieses Nachthemdchen. Für brave (und ein wenig eitle) Puppen-Mädchen genau das Richtige zum Kuscheln und Träumen.

MATERIAL

- *Rest Batist rosa, 75 x 30 cm*
- *Valenciennesspitze weiß, 120 cm*
- *Satinband purpur, 0,5 cm breit, 55 cm lang*
- *Gummilitze, 7 cm, 2x*
- *2 Druckknöpfe*
- *Nähgarn*

ZUSCHNEIDEN

Passe, 1x
Vorderteil, 1x
Rückenteil, 2x
Ärmel, 2x

NÄHEN

Passe mit Spitze besetzen (Einschnitte). Ärmel von rechts mit Spitze besetzen, umschlagen, damit eine kleine Biese entsteht, Gummilitze von links gedehnt aufnähen. Vorderteil an Passe anrüschen. Passe und Rückenteile rechts auf rechts übereinanderlegen, Schulternähte schließen, Nahtenden sichern, bügeln. Halsausschnitt mit Spitze verstürzen. Nachthemd offen hinlegen (rechts liegt oben) und Ärmel in kleine Fältchen gelegt (Einschnitte) einnähen. Ärmel links übereinanderlegen, Seitennaht ab Ärmel bis Saum schließen, Naht bügeln. Rückenteile schmalkantig säumen, Saum mit Spitze besetzen. Im Rücken zwei Druckknöpfe annähen. Aus dem Satinband eine kleine Schleife binden, mittig an der Passe festnähen und dabei ein kleine Blüte mitfassen.

Schnitt siehe Schnittmusterbogen Seite B

Bluse

(für eine 55 cm große Puppe, schlanker Typ)

Ein schmuckes Teil für viele Gelegenheiten ist diese einfache Bluse aus weißem Batist. Kurze Ärmel und ein hübscher Spitzenkragen machen sie zu einem echten Blickfang.

MATERIAL

- *Batist weiß 60 x 25 cm*
- *Stickereispitze weiß, 3,5 cm breit, mit gebogter Abschlußkante*
- *Nähgarn*
- *2 Druckknöpfe*

Schnitt siehe Schnittmusterbogen Seite B

ZUSCHNEIDEN

Vorderteil, Batist weiß, 1x
Rückenteil, Batist weiß, 2x
Ärmel, Batist weiß, 2x

NÄHEN

Ärmel 1 cm nach links umschlagen, schmalkantig säumen. Vorder- und Rückenteile rechts auf rechts übereinanderlegen, Schultern schließen, mit Rückstich sichern. Halsausschnitt mit Spitze verstürzen, dabei die Spitze von rechts in kleinen Fältchen aufnähen, Stoff und Spitze bis zur Naht einschneiden, Spitze nach innen umlegen und schmal gegensteppen.

Ärmel ab Einschnitt in kleine Fältchen gelegt in die Armausschnitte einnähen. Seitennähte ab Arm bis Saum schließen, Nahtenden mit Rückstichen sichern. Bluse ab und bis Halsauschnitt schmalkantig säumen. Im Rückenteil zwei Druckknöpfe annähen.

Spitzen-höschen

(für eine ca. 55 cm große Puppe, schlanker Typ)

Natürlich braucht eine Puppe, um komplett gekleidet zu sein, auch etwas »darunter«, zum Beispiel ein solches nostalgisches Spitzen-höschen.

MATERIAL

- *Batist weiß, 50 x 25 cm*
- *Nähgarn*
- *Gummilitze: Beine 11 cm (2x), Taille 18 cm*

NÄHEN

Eine der Mittelnähte schließen. Beinabschlußkanten mit Stickerei-spitze verstürzen, Spitze umlegen, bügeln, von links Gummilitze ge-dehnt unternähen. Hose in der Taille 2 cm nach links umschlagen, Gummilitze gedehnt lose zwischen dem Stoff liegend einnähen. Zweite Mittelnaht schließen, Nahtende mit Rückstich sichern. Schritt schließen, Nahtenden sichern. Hose wenden, bügeln.

Schnitt siehe Schnittmusterbogen Seite B

Spitzenunterrock

(für eine 55 cm große Puppe, schlanker Typ)

Von großer Wirkung und im Handumdrehen genäht ist dieser Spitzenunterrock aus blütenweißem Batist. Das Schnittschema läßt sich mühelos auch für andere Puppengrößen umsetzen. Nehmen Sie einfach die gewünschte Rocklänge, minus der Breite der Spitze und etwa dreimal die Breite der Beine und verdoppeln Sie das Ganze in der Weite.

MATERIAL

- *Batist weiß, 22 x 68 cm*
- *Stickereispitze weiß, mit gebogter Abschlußkante, 4 cm breit, 70 cm lang*
- *Nähgarn*
- *Gummilitze, 18 cm*

Ohne Schnittmuster

NÄHEN

Auf den Saum Stickereispitze rechts auf rechts aufsteppen, Spitze umlegen, dabei so nach vorn versetzen, daß eine etwa 1/2 breite Biese entsteht, bügeln, steppen. Obere Schnittkante ca. 2 cm nach links umschlagen und Gummilitze lose zwischen dem Stoff liegend einsteppen, Enden feststeppen. Petticoat rechts auf rechts übereinanderlegen, Rückennaht schließen, mit Rückstich sichern. Wenden, bügeln.

Strandtasche

Modisch orientierte Wassernixen haben viel Gepäck. Damit alles gut untergebracht ist, gibt es diese tolle Badetasche.

MATERIAL

- *Rest bedruckter Baumwollstoff, 25 x 35 cm*
- *Nähgarn*

ZUSCHNEIDEN

Tasche, 25 x 12 cm, 1x
Gurt, 33 x 3 cm
(ohne Schnittmuster)

NÄHEN

Tasche an den Schmalseiten (Einschnitte) 2 x umschlagen und absteppen. Gurt an den Schmalseiten längs je 1 cm nach links umschlagen, bügeln. Schnitteil längs auf Hälfte falten und schmalkantig säumen. Gurt versetzt (von links) an den schmalen bereits versäuberten Kanten untersteppen, mit Rückstichen sichern. Tasche auf die Hälfte einschlagen (rechte Seite liegt innen, Säume liegen übereinander) und Seitennähte schließen, mit Rückstichen sichern.

Taschenkanten von innen (siehe Zeichnung) absteppen. Tasche wenden, bügeln.

Die blaue Jeanstasche (im Foto rechts) paßt genau zu Janinas sportlichem Outfit. Wie sie gemacht wird, steht auf Seite 35.

Schnitt siehe Schnittmusterbogen Seite B

Umhängetasche, Sport-beutel und Stirnband

Chic und modisch sind die drei Modelle. Und was das Beste ist: Sie sind ganz einfach in Schnitt und Ausführung und in einer halben Stunde fertiggestellt.

MATERIAL

- *Rest Lackfolie, pink und violett*
- *kleine Reste Lackfolie, gelb und grün*
- *Alleskleber*
- *Polyesterfüllwatte*
- *Gummilitze, 4 cm lang (für Stirnband)*
- *Nähgarn*

ZUSCHNEIDEN

Blaue Umhängetasche
Lackfolie violett, 1x

Sportbeutel (ohne Schnittmuster)
Beutel, Lackfolie pink, 17,5 breit, 12,5 hoch
Trageriemen, Lackfolie pink, 26 cm lang, 9 mm breit
Bändchen, Lackfolie pink, 7,5 cm lang, 0,5 cm breit

Stirnband
Band, Lackfolie pink, 31 cm lang, 2 cm breit (ohne Schnittmuster)
Lasche, Lackfolie pink, 1x

AUSFÜHRUNG

Blaue Umhängetasche: Schnitt auf die textile Seite der Lackfolie auflegen, mit Bleistift umfahren, ausschneiden. Teil (Markierung) übereinanderklappen (rechts innen) und zunähen, Naht mit Rückstich sichern. Tasche wenden, Tragegurt einkleben. Garnierungsteile ausschneiden und aufkleben (siehe Foto). Etwas Watte einfüllen, Lasche festkleben.

Sportbeutel: Schnitteile übereinanderlegen (rechts innen), zusteppen, Naht mit Rückstich sichern, Beutel wenden. Tragegurt einkleben, Beutel mit Stopfwatte füllen, mit schmalem Lackbändchen abbinden, verknoten. Verzierungen ausschneiden und mit Alleskleber aufkleben (siehe Foto).

Stirnband: Schnitt auf die textile Seite der Folie legen, mit Bleistift umfahren, ausschneiden. Lasche auf das Band steppen, Zier-Dreiecke ausschneiden und aufkleben (siehe Foto). Gummilitze zwischen die Enden des Stirnbands nähen und mit Rückstichen sichern.

Schnitt siehe Schnittmusterbogen Seite B

Die Deutsche Bibliothek –
CIP-Einheitsaufnahme
Puppenmode selber nähen:
Marion Cristiana Müller
Augsburg: Augustus-Verlag, 1997
ISBN 3-8043-0500-8

Die Autorin, Marion Cristiana Müller, Diplomdesignerin, hat nach einer Lehre als Grafische Zeichnerin drei Jahre an der Fachschule für Angewandte Kunst in Sonneberg studiert.
Bis 1989 arbeitete sie als Gestalterin in der heimischen Spielzeugindustrie in Sonneberg, danach als Designerin in Fürth/Bayern und Hong Kong. Seit 1995 tätig in eigener Werkstatt – Designentwürfe und Anfertigung von Künstlerpuppen aus Papiermaché in limitierter Auflage, die bereits mit Preisen gekürt wurden.

Fotografie: Klaus Lipa, Augsburg
Lektorat: Helene Weinold-Leipold, Andrea Müh
Umschlaggestaltung: Christa Manner, München

Layout: Anton Walter, Gundelfingen

AUGUSTUS VERLAG AUGSBURG 1997

Satz: Gesetzt aus 10 Punkt Caecilia Light in QuarkXPress von DTP-Design Walter, Gundelfingen
Reproduktion: GAV, Gerstetten
Druck und Bindung: Appl, Wemding

Gedruckt auf 120 g umweltfreundlich elementar chlorfrei gebleichtes Papier.

ISBN 3-8043-0500-8
Printed in Germany